MARKETING EN REDES SOCIALES

GUÍA PARA HACER CRECER SU MARCA EN LAS REDES SOCIALES

JACOB KIRBY

CONTENTS

INTRODUCCIÓN

En un artículo escrito por Investopedia que se actualizó recientemente en junio de 2022, se informó de que, en el primer trimestre de 2022, había más de 4.600 millones de usuarios de redes sociales en todo el mundo. Esto representa alrededor del 58% de la población mundial. Esta cifra supuso un aumento del 10% en el número de usuarios de redes sociales con respecto al año anterior. Lo que esto nos dice es que cada vez más personas recurren a las redes sociales para pasar el tiempo, entretenerse, conocer las últimas noticias, mantenerse al día con amigos y familiares y establecer contactos. Los datos sugieren que la persona media pasa más de dos horas al día en las redes sociales. Además, esta cantidad de tiempo no se emplea de una sola vez. A menudo, los usuarios miran sus teléfonos a lo largo del día para ver si ha aparecido algo nuevo en sus feeds, o para interactuar con los mensajes que han recibido de amigos, familiares y conocidos.

Es indiscutible que las redes sociales han llegado para quedarse. Se han convertido en parte integrante de nuestras vidas y nos proporcionan diversas razones para seguir consultando nuestros teléfonos una y otra vez. Se han convertido en el relleno de tiempo demasiado importante cada vez que estamos aburridos o nos enfrentamos a la incomodidad y el silencio.

Lo que también es indiscutible es que las redes sociales se han convertido en un gran terreno de juego para el marketing. Con esta base masiva de usuarios, las empresas se han dado cuenta de que las redes sociales son un lugar perfecto para comercializar sus productos y servicios. Les da la oportunidad de llegar a su base de clientes con facilidad, y también de llegar a nuevos clientes sin tener que poner botas sobre el terreno que van de puerta en puerta en busca de nuevos clientes. Atrás quedaron los días en los que sólo era necesario hacer folletos y crear un sitio web. Las nuevas empresas que quieren crecer pueden aprovechar las herramientas, funciones y estrategias que tienen a su disposición para comercializar sus marcas en las redes sociales.

No sólo las empresas se han dado cuenta de que las redes sociales ofrecen una nueva plataforma de marketing, sino que los usuarios de las redes sociales también se han dado cuenta de que el marketing es ahora una parte integral de las redes sociales, y han acogido esta reciente evolución con los brazos abiertos. Al principio, los usuarios de las redes sociales se mostraban reticentes ante el aumento del marketing en este espacio. Al fin y al cabo, la única razón por la que los usuarios abrían cuentas en las redes sociales era para relacionarse con amigos, familiares y otras personas a las que querían seguir. No era para que una marca les lanzara sus productos y servicios a la cara sin tener que acercarse físicamente a ellos. Sin embargo, ese sentimiento no ha parecido traducirse en una marcha rebelde contra el marketing. De hecho, más del 80% de los consumidores afirmaron que el contenido de las redes sociales influyó significativamente en sus decisiones de compra. Según Sprout Social, el 68% de los consumidores afirma que las redes sociales les brindan la oportunidad de interactuar con las marcas y las empresas. También descubrieron que el 43% de los consumidores aumentaron su uso de las redes sociales para descubrir nuevos productos en el último año. Además, el 78% de los consumidores están dispuestos a comprar a una empresa después de haber tenido una experiencia positiva con ella en las redes sociales.

Lo que nos dicen todas estas estadísticas es que las redes sociales se están convirtiendo cada vez más en el lugar donde los consumidores interactúan con las marcas y obtienen más información sobre los productos y servicios que ofrecen. Los consumidores aceptan implícitamente que el marketing se ha convertido en parte integrante de la experiencia en las redes sociales y son conscientes de las ventajas de interactuar con las empresas a través de ellas. Las redes sociales se han convertido en algo parecido al marketing físico: te gusta cuando es bueno, pero lo odias cuando es malo. En cualquier caso, el problema no es el marketing en sí, sino el marketing malo y molesto.

Hacia dónde vamos

De toda esta información se pueden extraer tres conclusiones. En primer lugar, las redes sociales desempeñan un papel fundamental en la vida de la mayoría de las personas de todo el mundo, y el número de personas que las utilizan no hará sino aumentar exponencialmente con el paso de los años. En segundo lugar, debido a la magnitud de las redes sociales y a las oportunidades que ofrecen, muchas empresas están centrando sus esfuerzos de marketing en ellas. Las empresas y las marcas conviven ahora en este espacio con consumidores individuales y a menudo se mezclan entre sí por motivos relacionados con los productos y servicios que ofrecen las empresas. En tercer lugar, debido a la gran cantidad de oportunidades de marketing que existen en las redes sociales, a todas las empresas les convendría empezar a redirigir sus esfuerzos de marketing hacia este espacio (o, al menos, parte de ellos).

Dicho esto, la pregunta clave que puede que te estés haciendo es: ¿cómo se empieza exactamente a comercializar un negocio en las redes sociales? Al fin y al cabo, hay muchas plataformas de redes sociales entre las que elegir, cada una con sus propias características, funcionalidades y usuarios. El marketing en redes sociales es un concepto relativamente nuevo si lo comparamos con los métodos de marketing tradicionales, como ir por la calle haciendo encuestas y repartiendo folletos. Todas las empresas saben que el marketing es importante, pero la parte difícil de la ecuación es cómo empezar exactamente a comercializar su negocio. Añadir las redes sociales a la matriz del marketing sólo dificultará mucho más la tarea.

El objetivo de este libro es ayudarle a iniciarse en el marketing en las redes sociales. Está diseñado para ayudarle a comprender cómo funcionan las principales plataformas de redes sociales, cuáles son sus principales características a efectos de marketing y cuáles son los pros y los contras de cada una de ellas si alguna vez decide comercializar su marca en estas plataformas. También trataremos los pasos clave que hay que dar para lanzar una campaña de marketing en las redes sociales. Seguir estos pasos le ayudará en gran medida a llevar a cabo una campaña de marketing exitosa que cumpla sus objetivos de marketing en primer lugar. También hablaremos del tipo de contenido que debería utilizar al llevar a cabo su campaña de marketing en redes sociales para sacarle el máximo partido y asegurarse de que publica el tipo de contenido que funcionará bien con su público objetivo.

Antes de profundizar en todo esto, empezaremos con una pregunta que sirve de base para todo lo demás que se trata en este libro: ¿por qué lanzar campañas de marketing para su empresa?

En el próximo capítulo, distinguiremos entre marketing y creación de marca y por qué ambos son aspectos esenciales para dirigir una empresa. También veremos cómo encaja el marketing en redes sociales en todo esto y todas las demás razones por las que el marketing en redes sociales se ha vuelto extremadamente importante para que las empresas y las marcas empiecen a hacerlo.

CAPÍTULO 1: POR QUÉ SON ESENCIALES EL MARKETING Y LA CREACIÓN DE MARCA

El marketing y la construcción de la marca parecen ser aspectos de la gestión de una empresa a los que muchas pequeñas empresas y marcas no dedican mucho tiempo. Como resultado, se dedican menos recursos, dinero y esfuerzo al marketing y a la construcción de la marca. Este problema es aún más pronunciado en el espacio de las redes sociales, donde las empresas y las marcas no están haciendo suficiente marketing y construcción de marca en estos espacios. Sin embargo, no dedicarse a estos aspectos de la gestión de una empresa puede ser perjudicial para su éxito y su potencial tanto para atraer nuevos clientes como para fidelizarlos. Antes de seguir adelante, repasemos exactamente por qué son importantes el marketing y la creación de marca, y luego pasemos al papel que desempeñan las redes sociales en ambos aspectos.

Marketing

El marketing, en esencia, se refiere a todas las actividades que una marca o empresa realiza con el fin de promocionar el producto o servicio que ofrece. Se trata, por tanto, de atraer a nuevos y antiguos clientes hacia sus productos y servicios, y de generar más ventas. El marketing puede implicar varias estrategias diferentes, como la publicidad, los correos electrónicos, las vallas publicitarias, los anuncios, el tráfico web y, lo que es más importante a efectos actuales, las redes sociales. Es el medio por el que las empresas hacen que los clientes sepan que existen, retienen a estos clientes y generan ventas. Hay varias razones por las que el marketing es importante para cualquier pequeña empresa o marca:

Aumente su audiencia

El marketing es una oportunidad para relacionarse con su público objetivo. Le ofrece la plataforma para hacerles saber que existe y para que conozcan mejor su marca. Por lo general, las pequeñas empresas deben averiguar quién es su mercado objetivo antes de abrir la tienda y empezar a vender sus productos y servicios. En otras palabras, deben saber a qué clientes atienden y qué necesidades tienen esos clientes que van a resolver con sus productos y servicios. Sin embargo, no basta con que una empresa o una marca sepan cuál es su público objetivo. El mero hecho de satisfacer una determinada necesidad que tienen los clientes no significa que vayan a venir a comprar sus productos o servicios. No significa que vayan a prestar atención a lo que haces o que vayan a empezar a seguir tu marca.

Lo más probable es que, sin un marketing impactante, no pueda atraer clientes ni conseguir muchos seguidores. Es importante dar a conocer su empresa o marca para que la gente la conozca. Esa valla publicitaria que se dirige directamente a las necesidades de los clientes o a los problemas a los que se enfrentan es lo que hará que pasen por tu puerta para ver lo que vendes. Ese tuit que se hace viral es lo que hará que los clientes potenciales sientan curiosidad por tu marca, te sigan en las redes sociales y, en última instancia, compren lo que vendes. El marketing, por tanto, desempeña un papel fundamental a la hora de aumentar tu audiencia y generar más ventas.

Realizar una investigación eficaz

Uno de los aspectos más importantes a la hora de crear una empresa es la investigación preliminar. Necesita saber si sus productos o servicios generarán el número de ventas que busca. Necesita saber si su idea de negocio tendrá éxito o no. Parte de este proceso consiste en llevar a cabo una investigación: salir al mundo para poner a prueba las ofertas de su empresa con el mundo en general. Parte del marketing consiste en reunirse con clientes potenciales y recopilar la información necesaria para saber si su idea de negocio funcionará realmente. Esto implica realizar encuestas, hacer cuestionarios, probar productos y servicios con grupos de muestra, publicar en las redes sociales para comprobar las reacciones del público u obtener opiniones de antiguos clientes. De este modo, te aseguras de que tu producto o servicio responde mejor a las necesidades de tu mercado objetivo y puede generar ventas.

Mantener la relevancia

Es muy posible que una marca o un negocio desaparezcan. De hecho, casi todas las pequeñas empresas fracasarán en los primeros 5 años.

Cuando la gente se olvida de que su marca o empresa existe, o cuando su marca empieza a perder relevancia a los ojos de los consumidores, es una de las señales seguras de que las ventas van a empezar a caer en picado y de que la empresa va a empezar a pasar apuros como consecuencia de ello. El fracaso empresarial puede producirse cuando su empresa pierde relevancia a los ojos de los consumidores.

El marketing ofrece una vía para que las empresas sigan siendo relevantes. Las campañas publicitarias, las publicaciones en redes sociales, los panfletos, las vallas publicitarias y otras formas de marketing desempeñan un papel importante a la hora de mantener la relevancia de las marcas. Lo mismo ocurre con las campañas de marketing que se dirigen a las necesidades cambiantes de los consumidores a medida que surgen o que comentan los últimos titulares. Por ejemplo, una persona influyente en las redes sociales puede comentar siempre las últimas tendencias y temas de actualidad. Del mismo modo, una empresa puede decidir ofrecer productos y servicios que ayuden a los consumidores a hacer frente a los nuevos problemas que se les plantean, como los surgidos a raíz de la pandemia de COVID-19. Una vez que identifican ese nuevo problema que su empresa está tratando de resolver, se dirigen a los consumidores. Una vez que identifican ese nuevo problema que sus productos y servicios resuelven, inician campañas de marketing que informan a los consumidores de su nueva oferta. Todas estas estrategias de marketing desempeñan un papel importante a la hora de mantener la relevancia de una marca a los ojos de los consumidores.

Resultados financieros

En general, el marketing desempeña un papel importante en los resultados financieros de una empresa. Al iniciar campañas de marketing centradas en el mercado objetivo, aumentar la audiencia de la empresa, abordar las necesidades y los problemas del consumidor, mantener la relevancia de la empresa y captar la atención del consumidor, el marketing puede impulsar las ventas y aumentar el potencial de una empresa. Por otro lado, la falta de marketing puede desempeñar un papel importante en la escasez de público, la falta de relevancia y la falta de ventas, lo que se traduce en malos resultados financieros.

Creación de marca

¿Qué es la marca?

Las empresas, los emprendedores y las personas influyentes en las redes sociales tienen bastantes aspectos en común a la hora de gestionar sus respectivos negocios. Un aspecto concreto de gran importancia es la creación de marca. Si no te centras en crear tu propia marca, otros lo harán por ti, y a veces eso no es bueno. Cuando una empresa tiene una marca negativa, lo más probable es que pierda algunos de sus clientes y, en última instancia, las ventas. Cuando la marca se crea correctamente, la empresa puede prosperar y acoger a nuevos clientes y fidelizar a los antiguos.

La marca es coherencia. Se trata de garantizar la difusión de un mensaje coherente sobre una empresa y su funcionamiento. Incluso pequeños detalles como el logotipo, la marca, los colores, los tipos de letra o las cuentas en redes sociales de una empresa pueden decir mucho sobre la calidad de los productos y servicios que ofrece y sobre si debe ser respetada o no. La marca también se filtra en áreas importantes del funcionamiento de una empresa, como la experiencia del consumidor en todas las sucursales en las que opera. En otras palabras, ¿es la empresa coherente en la forma en que trata a los clientes en cada sucursal? ¿Qué pasa con los productos que ofrece? ¿Tienen todos los productos que fabrican una calidad particular que sea reconocible con independencia de lo que se compre? Aquí es donde brillan las estrategias de marca.

Piense en empresas como Apple. Independientemente del dispositivo Apple que tengas en tus manos, sabes que es un dispositivo Apple con sólo mirarlo. Los dispositivos de Apple son dignos de confianza y fiables, lo que está profundamente ligado a la imagen de Apple ante el público. Por ejemplo, si saliera a la luz que la duración de la batería de una nueva serie de iPhones apenas llega a una hora, se produciría una conmoción entre los clientes de Apple y se empañaría su imagen. Empañaría la marca Apple. Lo mismo ocurre si ves a alguien entrar en una cancha de baloncesto con un par de Air Jordan y las zapatillas se rompen después de unas cuantas canastas. La respuesta común será que debe tratarse de un par de Air

Jordan falsas. ¿Por qué? Porque las Air Jordan se asocian a productos de calidad. Si en realidad se trata de un par de Air Jordan originales, la imagen de la marca se verá inmediatamente empañada. La gente dejará de asociar los Air Jordan y los iPhone con la calidad. La gente dejará de comprarlos. Las ventas caerán. Por eso la marca es tan importante.

La marca, por tanto, crea valor para su empresa. Las estrategias de marca contribuyen a que los clientes crean en su empresa y compren lo que vende. Los clientes confían en tus productos y servicios porque confían en tu marca. Los consumidores le siguen en las redes sociales y consumen todo su contenido porque creen en su marca. Creen que usted siempre cumplirá. El branding, por tanto, puede darle una ventaja sobre sus competidores porque le permite desarrollar la imagen de su marca de tal manera que la distinga de las de sus competidores. Les hace ver por qué PlayStation es mejor que Xbox, iPhone mejor que Samsung, Coca-Cola mejor que Pepsi y viceversa.

Cómo construir su marca

Investigue su público objetivo

La creación de una marca empieza por saber quién es su público objetivo. Necesita saber cómo es el mercado actual y también quiénes son sus competidores. Interactúa con ellos, únete a grupos de redes sociales, realiza encuestas y cuestionarios, consulta subreddits o contrata a alguien que pueda llevar a cabo una investigación en profundidad en tu nombre. De lo que se trata es de crear un avatar de cliente y saber quiénes son (de dónde son, su edad, nivel de ingresos, gustos y aversiones, etc.), qué necesidades y problemas tienen, qué marcas satisfacen (o intentan satisfacer) esas necesidades y qué se puede hacer mejor. Toda esta información te servirá de base para tu estrategia de marca y para interactuar con ellos en el futuro.

Acerque su propuesta de valor

Una propuesta de valor explica cómo su producto o servicio aporta valor a los clientes potenciales de un modo que diferencia su marca de la de los demás. En otras palabras, tiene que ser capaz de identificar qué necesidades tiene su mercado objetivo, cómo las satisfará su marca y qué es lo que da a su marca esa importante ventaja sobre sus competidores. Su marca tendrá que construirse en torno a esta propuesta de valor para atraer a la clientela que busca y crear esa coherencia de marca que tanto necesita su negocio.

Su propuesta de valor también determinará cuál es el eslogan de su marca. Este eslogan aparecerá en todos los lugares en los que exista su marca para que los clientes sepan lo que representa su marca.

Cree la personalidad de su marca

Su marca necesita una personalidad. Esto es parte de lo que hace que su marca sea única y lo que desempeñará un papel importante a la hora de atraer clientes fieles a su negocio. A la hora de crear una personalidad de marca, pregúntese lo siguiente: si su marca fuera una persona, ¿cómo la describiría? ¿Cuál es su personalidad? ¿Qué metáfora utilizaría para describirla?

A continuación, la personalidad de su marca deberá filtrarse en todas las ramas de la misma, desde la combinación de colores y el diseño del logotipo hasta el aspecto de sus tiendas y el trato a los clientes. Por eso es tan importante el proceso de diseño del logotipo y la combinación de colores. Son las primeras cosas en las que pensará la gente cuando piense en su marca, y será lo que la haga destacar cuando la gente pasee por la calle. Su logotipo, combinación de colores y marca comercial comunican lo que la gente debe pensar y sentir sobre su marca. Forma parte de lo que muestra la personalidad de su marca.

Crear coherencia

El último paso en la construcción de su marca es lograr la coherencia en todas las partes de su marca. Esto incluye las tiendas, las cuentas en redes sociales, el servicio de atención al cliente, las oficinas... ¡en todas partes!

La coherencia es la esencia de la marca. Los clientes necesitan saber que su marca es fiable y que siempre pueden comprar sus productos y servicios sin tener que preocuparse. Es importante hacerlo bien desde el principio.

La importancia de las redes sociales en el marketing y la imagen de marca

Es innegable que las redes sociales desempeñan un papel masivo en la sociedad moderna. En el primer trimestre de 2022, se informó de que había 4.600 millones de usuarios de redes sociales. Más del 58% de la población mundial está en las redes sociales. Las redes sociales han cambiado las reglas del juego en lo que respecta al marketing y la creación de marcas, y son un arma muy importante en el arsenal de una empresa en estos aspectos. Hay un par de razones para ello que se enumeran a continuación.

Acceda fácilmente a su público objetivo

A la hora de investigar a su público objetivo, ya no es crucial que salga a la calle y se reúna con él. No es necesario que se ponga las botas sobre el terreno y lleve a cabo reuniones, encuestas y cuestionarios. Tampoco necesita lanzar campañas masivas que impliquen imprimir miles de panfletos. Para conocer a su público objetivo, puede hacerlo con el clic de un dedo.

Los medios sociales le brindan la oportunidad de mantenerse al día con sus clientes, unirse a grupos de medios sociales, organizar espacios y debates en directo, generar conversaciones, conocer las necesidades y problemas de los consumidores y hacerse una buena idea de cómo es su público objetivo. Se trata en gran medida de un proceso de investigación barato que puede llevarse a cabo desde su escritorio.

Además, puede acceder a muchos datos sobre los clientes que le permitirán elaborar un análisis suficiente de los hábitos de gasto, las necesidades, los deseos y la disposición a comprar los productos y servicios que vende su base de clientes. Es una vía de fácil acceso para llegar a su público objetivo.

Aumente su audiencia

Las redes sociales no sólo pueden ayudarle a investigar y comprender a su público objetivo, sino que también pueden ayudarle a aumentarlo. Un anuncio que publique en las redes sociales puede ser visto por millones de usuarios que pasan mucho tiempo en ellas. Esto le da la oportunidad de anunciarse y generar un número mucho mayor de clientes potenciales a su sitio web y a sus productos y servicios que si utilizara otras formas de marketing. Basta con que los usuarios vean su anuncio en las redes sociales, hagan clic en un enlace que les lleve a su sitio web, consulten sus productos y servicios y compren cuando estén preparados. Esto, a su vez, aumentará sus clientes potenciales, creará nuevos clientes fieles y, en consecuencia, incrementará sus ventas.

Estudie a sus competidores

Lo más probable es que usted no sea la única empresa presente en las redes sociales. Lo más probable es que sus competidores también estén en ellas intentando llegar al mismo mercado objetivo. Esto le ofrece una manera fácil de investigar lo que hacen sus competidores. Te da la oportunidad de ver sus publicaciones, ofertas, productos y servicios, y cómo se manejan en las redes sociales. Así comprenderá fácilmente qué le diferencia de sus competidores y cómo puede aprovecharlo en sus interacciones con los clientes en las redes sociales y fuera de ellas.

Mantener la relevancia

Como ya se ha explicado, uno de los aspectos más importantes del marketing es asegurarse de que su marca sigue siendo relevante a los ojos de su mercado objetivo. Si cae en el olvido, es probable que las ventas disminuyan. Una de las formas de combatirlo es tener una fuerte presencia en las redes sociales. Los usuarios de las redes sociales navegan por estas plataformas todos los días, a menudo docenas de veces. Si siguen su marca en las redes sociales y se mantienen al día de lo que usted publica y de lo que ofrece su empresa, es una forma segura de garantizar que su marca siga siendo relevante a los ojos de su mercado objetivo.

Establecer relaciones con los clientes

Al tener presencia en Internet, su marca tiene la oportunidad de estar en contacto permanente con su clientela. Publicando constantemente, interactuando con los clientes, proporcionándoles plataformas para exponer sus quejas y abordar posibles problemas, permite a los clientes relacionarse con su empresa y sentir que se les escucha. Esta es una forma segura de crear una base de clientes fieles que creen en su marca porque sienten que su empresa es accesible y receptiva.

Construya su marca

Las redes sociales ofrecen una forma fácilmente accesible de construir su marca. A través del tipo de publicaciones que hace su empresa, cómo interactúa con los clientes, el tipo de contenido que comparte y cómo se maneja en general en las redes sociales, su empresa puede construir más fácilmente su personalidad de marca y mostrar a los clientes potenciales de qué va su negocio.

Mayor rentabilidad

En general, dado que las redes sociales suelen ser una forma barata de marketing y creación de marca, abren una vía para aumentar su base de clientes, generar más ventas y aumentar sus ingresos, manteniendo sus costes de marketing mucho más bajos. Esto significa que su empresa podrá aumentar significativamente sus beneficios con una estrategia adecuada de marketing en redes sociales. Está claro, por tanto, que el marketing en redes sociales es algo en lo que toda empresa debería participar.

CAPÍTULO 2: PLATAFORMAS DE MEDIOS SOCIALES: UNA VISIÓN GENERAL

Los usuarios de las redes sociales tienen a su disposición todo tipo de plataformas que pueden elegir en función de sus necesidades y deseos. Cada plataforma tiene su público objetivo y ofrece distintas oportunidades para que las empresas y las marcas lleven a cabo sus actividades de marketing. Cada plataforma tiene sus pros y sus contras, y cada una tiene su propio tipo de potencial de marketing. Las estrategias que emplee para cada una de estas plataformas diferirán debido a que todas están configuradas de forma distinta y se dirigen a públicos diferentes.

Teniendo en cuenta lo anterior, es necesario profundizar en las principales plataformas de medios sociales entre las que deberías decidirte a la hora de tomar una decisión sobre dónde comercializar tu marca. Analizaremos sus ofertas, características y pros y contras.

Facebook

Facebook ha sido durante mucho tiempo la mayor plataforma de redes sociales del mundo. En julio de 2022, Facebook tenía más de 2.900 millones de usuarios.

Su competidor más cercano es YouTube, que tiene más de 2.400 millones de usuarios. Facebook es una plataforma que permite a los usuarios crear perfiles y conectarse en línea con amigos y familiares, así como con empresas, organizaciones y grupos afines a sus intereses. También pueden seguir a sus celebridades, líderes y personas influyentes favoritas. La gran versatilidad de Facebook permite a los usuarios utilizar la plataforma por una gran variedad de motivos y compartir todo tipo de contenidos a través de distintos medios. Como uno de los gigantes de las redes sociales, las empresas no pueden dejar de intentar comercializar su marca en esta plataforma.

Principales características de marketing

Público diverso

La base de 2.900 millones de usuarios de Facebook procede de todos los ámbitos de la vida y se extiende por diferentes países, grupos demográficos, niveles de ingresos, trabajos y creencias. Esto da a las empresas la oportunidad de encontrar su público objetivo en el vasto universo de Facebook con fines de marketing. También les da la oportunidad de interactuar con usuarios de distintos orígenes y unirse a grupos de Facebook que pueden ayudarles a investigar y mejorar sus productos y servicios.

Potencial de marketing local

Facebook puede funcionar como directorio de empresas locales. Ofrece a los usuarios la posibilidad de buscar empresas locales de su zona que ofrezcan un determinado producto o servicio. Además, al menos el 60% de los usuarios visitan una página de empresa local en Facebook al menos una vez a la semana. Esto significa que las empresas tienen la oportunidad de conectar con los clientes de su localidad mediante la promoción de su página en Facebook y la conexión con su comunidad local.

Oportunidades de publicidad

Facebook es una de las principales plataformas publicitarias en la actualidad. Se ha informado de que los anuncios de Facebook pueden llegar hasta el 36,7% de la población adulta. Compárese con Twitter, que llega al 6,5%. También se ha demostrado que el usuario medio de Facebook hace clic en 12 anuncios al mes.

Lo que todo esto significa es que los anuncios de Facebook son una táctica de marketing que puede resultar esencial para las empresas. Te da la oportunidad de dar a conocer tu marca y llegar a un amplio espectro de audiencias que probablemente no habrías podido alcanzar sin Facebook.

Sin embargo, en este punto hay que decir que, aunque Facebook tiene un gran potencial de marketing en cuanto a la cantidad de personas a las que se puede llegar con una campaña publicitaria, estadísticamente, Facebook no es necesariamente el mejor lugar para llegar a nuevos públicos. Sin embargo, es fantástico para dirigirse y comunicarse con el público que tienes actualmente.

Establezca relaciones con su comunidad

Facebook te ofrece varias formas de conectar con tu público. Estos métodos brindan a las empresas la oportunidad de entablar relaciones con su comunidad, y así poder construir su marca, crear clientes fieles y aumentar las ventas. Facebook permite a las empresas ofrecer información en sus páginas, como anuncios, horarios de apertura, rebajas, eventos y otros datos. Esto permite a las empresas atraer tráfico a sus páginas de Facebook y, posiblemente, que los clientes realicen compras basadas en las publicaciones realizadas en la página de Facebook.

Contras del uso de Facebook para marketing

Algoritmos en tu contra

El algoritmo de Facebook influye mucho en el contenido que ven los usuarios cuando abren su aplicación de Facebook y en qué orden lo ven. La forma exacta en que el algoritmo hace esto ha cambiado con el tiempo. Por lo general, Facebook no ordena las publicaciones en el feed de un usuario por orden cronológico. En otras palabras, el simple hecho de que hayas publicado algo hace cinco minutos no significa que los usuarios vayan a ver esa publicación en algún momento del día. Más bien, Facebook organiza las publicaciones en el feed de un usuario de acuerdo con lo que es más relevante para ese usuario. En 2018, Facebook anunció que daría prioridad a las publicaciones hechas por amigos y familiares sobre otros tipos de publicaciones. Esto hizo que fuera más difícil para las marcas comercializar sus productos y servicios a los usuarios sin usar anuncios pagados.

Más recientemente, Facebook ha dejado claro que lo que los usuarios ven en sus noticias suelen ser publicaciones de amigos y familiares, páginas que siguen y publicaciones de páginas que siguen sus amigos. Facebook también da prioridad al tipo de contenido con el que los usuarios suelen interactuar más. Así, si un usuario interactúa más con vídeos, su feed le mostrará más vídeos. Facebook también da prioridad a las publicaciones con mucha interacción, especialmente si los amigos de ese usuario han interactuado con esa publicación.

En consecuencia, las empresas que deseen comercializar sus productos en Facebook deben elaborar estrategias en función del funcionamiento del algoritmo de Facebook.

Priorizar el compromiso

En relación con el punto anterior, Facebook exige que interactúes constantemente con tus seguidores. Si no lo haces, es más probable que tu marca no aparezca a menudo en su feed. Esto significa que las empresas deben interactuar regularmente con sus seguidores y publicar contenidos con regularidad o corren el riesgo de perder protagonismo en sus feeds.

Instagram

Instagram es otro gigante de las redes sociales que existe desde hace relativamente mucho tiempo. Es una plataforma que da prioridad a las fotos y vídeos que los usuarios pueden crear e interactuar con ellos en sus líneas de tiempo y en las actualizaciones de estado publicadas por sus seguidores. Instagram cuenta actualmente con más de 1.400 millones de usuarios. Sin embargo, demográficamente no es tan diversa como Facebook. La inmensa mayoría de los usuarios de Instagram son relativamente jóvenes (menos de 35 años). De este grupo demográfico, la mayoría vive en zonas urbanas. Los tipos más idóneos de estrategias de marketing para Instagram giran en torno al uso de elementos visuales para promocionar su empresa y sus productos y servicios. Las fotos y los vídeos que publique deben atraer al público más joven. En otras palabras, debe atraer a los millennials y a la Generación Z.

Principales características de marketing

Una gran plataforma de comercio electrónico

Instagram ocupa el primer lugar entre las plataformas sociales en términos de "intención de compra". Es decir, la probabilidad de que un usuario compre algo basándose en lo que ve en sus feeds. No se puede exagerar la influencia de Instagram en los hábitos de gasto de sus usuarios. Las estadísticas a este respecto son alucinantes. En un estudio reciente, el 81% de los usuarios afirmaron que Instagram les ayudaba a buscar y encontrar nuevos productos o servicios. También se informó de que el 72% de los usuarios tomaron decisiones de compra basándose en lo que vieron en Instagram. El 50% de los usuarios acabaron visitando un sitio web para comprar un producto o servicio después de verlo en Instagram. Además, alrededor de 130 millones de usuarios vieron publicaciones relacionadas con compras cada mes.

En consecuencia, no se puede subestimar el potencial del marketing en Instagram. Instagram se ha convertido en un centro neurálgico para el comercio electrónico y, en general, los usuarios están más abiertos a comprar en Instagram y adquirir productos y servicios basándose en lo que ven en la plataforma.

Alto compromiso orgánico

Recordemos que Facebook ocupa un lugar bastante bajo entre otras plataformas de redes sociales en términos de participación orgánica. En otras palabras, es muy difícil para las empresas llegar a nuevos públicos sin tener que pagar por anuncios en Facebook. Instagram es todo lo contrario en este sentido. Instagram tiene el mayor alcance orgánico en comparación con otras redes sociales. Esto significa que las empresas tienen más posibilidades de llegar a nuevos públicos sin tener que pagar por anuncios en Instagram que en cualquier otra red social.

El patio de recreo de los influencers

Instagram suele ser la principal plataforma que utilizan las personas influyentes en las redes sociales. En Instagram es donde más seguidores tienen y donde más contenido publican. En consecuencia, muchas marcas invierten la mayor parte de su presupuesto en Instagram. A través de las publicaciones realizadas en Instagram por los influencers de las redes sociales, las empresas aprovechan estas oportunidades para dar a conocer sus marcas a nuevos públicos e intentar atraer a nuevos clientes. No es de extrañar, por tanto, que se haya convertido en tendencia gastar más dinero en influencers en Instagram que en otras plataformas de redes sociales.

Contras del uso de Instagram para marketing

Tipos limitados de puestos

Como ya se había insinuado, Instagram impone importantes limitaciones a lo que se puede publicar en la plataforma. La estrella de cualquier publicación debe ser una foto o un vídeo. Por supuesto, se puede añadir material escrito en el pie de la publicación, pero incluso así, es una apuesta arriesgada porque los usuarios de Instagram tienden a navegar por sus feeds con una capacidad de atención corta. El uso de imágenes y vídeos cortos significa que los usuarios esperan pasar sólo un par de segundos viendo una publicación antes de desplazarse a la siguiente. A menos que el pie de foto contenga algo muy importante o despierte su curiosidad, es poco probable que lo lean. Por lo tanto, en Instagram te limitas a publicar fotos y vídeos.

Una solución a este problema podría ser incluir material escrito en una foto que publiques en Instagram. Sin embargo, este tipo de publicaciones deben ser agradables a la vista y capaces de despertar el interés de los usuarios para que las lean.

Twitter

Twitter consiste en tuitear. Los usuarios son libres de publicar tweets en el medio que deseen, ya sean tweets escritos, fotos, vídeos o una combinación de algunas de estas opciones. Lo que diferencia a Twitter de otras plataformas de medios sociales que permiten publicaciones escritas es que Twitter te limita a 280 caracteres. La plataforma no te permitirá publicar ningún mensaje escrito que sea más largo que eso. Twitter tiene actualmente más de 396 millones de usuarios activos. Por lo tanto, su base de usuarios es mucho menor que la de otros gigantes de las redes sociales como Instagram y Facebook. Sin embargo, es una plataforma de redes sociales que tiene ventajas que quizá quieras tener en cuenta.

Principales características de marketing

Atraer a un público más amplio

Twitter funciona de tal manera que cuando a un usuario le gusta, comenta o retuitea un tuit, es probable que sus seguidores vean este tuit en su cronología, además de cualquier reacción que el usuario haya tenido al tuit. La consecuencia de esto es que un tuit puede llegar a un público mucho más amplio que los seguidores del usuario que lo ha publicado, porque una vez que sus seguidores reaccionan al tuit (le dan a me gusta, lo comentan o lo retuitean), sus seguidores también verán el tuit en su feed, creando así una reacción en cadena que aumenta exponencialmente el número de personas que ven un tuit.

Todo esto facilita a las empresas la comercialización de su marca. Si las empresas fidelizan a sus seguidores en Twitter y publican contenido que genere engagement, es probable que sigan dando a conocer su nombre y lleguen a nuevos públicos con sus productos y servicios.

Noticias

De todas las plataformas de medios sociales, Twitter es la más utilizada para informar de las noticias. Según Statistica, el 56% de los usuarios obtienen sus noticias de Twitter, mientras que sólo el 36% lo hace de Facebook. Si tenemos en cuenta cómo está configurado Twitter, esta estadística tiene sentido. La mayoría de las principales cadenas de noticias tienen una cuenta en Twitter, y muchos periodistas que trabajan para estas cadenas y otras más pequeñas tuitean regularmente sobre noticias en Twitter. Twitter también tiene una pestaña que te permite saber qué es "tendencia" en tu localidad. En otras palabras, te da la oportunidad de averiguar sobre qué temas o hashtags está tuiteando y manteniendo conversaciones la gente. De este modo, los usuarios se mantienen al día de los últimos temas, debates, noticias y memes.

Twitter también se ha convertido en un centro para personalidades populares que ofrecen actualizaciones sobre temas relevantes para determinadas comunidades. Por ejemplo, los periodistas de fútbol se han hecho más populares en Twitter, sobre todo durante el periodo de traspasos, cuando los clubes compran y venden jugadores. Otros ejemplos son el sector de los videojuegos, en el que varias personalidades y marcas informan periódicamente de lo que ocurre en el mundo de los videojuegos. Lo mismo puede decirse de otros sectores, como los deportes, las criptomonedas, la tecnología, los coches o incluso temas muy especializados, como la familia real británica.

Las empresas y marcas que tienen una forma de interactuar con los usuarios a través de noticias y comentarios sobre tendencias y temas pueden encontrar una manera de conseguir seguidores a partir de eso, y también dar a conocer su marca a otros usuarios para que puedan conocer los productos y servicios relacionados que ofrece la marca.

Atención al cliente

Curiosamente, Twitter se ha convertido en la plataforma de redes sociales en la que los consumidores se dirigen a las marcas y empresas por motivos relacionados con el servicio de atención al cliente. No es extraño encontrar en tu feed a alguien que se queja de una marca o tuitea una pregunta en la que menciona a esa marca. Algunos usuarios también envían mensajes directamente a la marca para pedirle que resuelva un problema que tienen. Esto hace posible que las marcas establezcan relaciones con los clientes y se forjen una reputación por responder con rapidez y escuchar de verdad a sus clientes y hacer cambios.

Demografía por sexos

Las estadísticas muestran que los usuarios masculinos suelen dominar el espacio de Twitter. Según un informe, el 70% de los usuarios de Twitter son hombres. Según otro informe, la "audiencia anunciable" de Twitter era de un 60% de hombres. En otras palabras, demográficamente, una gran mayoría de los usuarios de Twitter a los que las marcas anuncian sus productos y servicios son hombres. Por lo tanto, las marcas deben ser estratégicas a la hora de navegar por ese espacio con fines de marketing, sobre todo si los productos y servicios que venden se dirigen generalmente al público femenino.

Contras del uso de Twitter para el marketing

El compromiso es la clave del juego

Al igual que Facebook requiere que interactúes con los usuarios para seguir siendo relevante, Twitter también requiere que interactúes constantemente con tus seguidores para seguir siendo relevante. Si hace tiempo que no tuiteas, ni te gusta, ni comentas, ni retuiteas nada, lo más probable es que ya no aparezcas en los feeds de tus seguidores ni recibas ninguna interacción por su parte. Tienes que tuitear a menudo e interactuar con tus seguidores. Si quieres llegar a nuevas audiencias, tienes que crear el tipo de publicaciones que generen muchas reacciones y así llegar a la red de tu base de usuarios.

Además, no puede permitirse ignorar las quejas y preguntas que le plantean los usuarios. Esto sólo afectará negativamente a su marca y rebajará su reputación a los ojos de sus clientes. Del mismo modo, hay que evitar a toda costa responder mal a lo que dicen o tuitean los clientes.

Limitaciones de los Tweets

Como ya se ha explicado, Twitter impone una limitación de 280 caracteres a lo que se puede publicar en la plataforma. Por lo tanto, dificulta mucho las estrategias de marketing que implican publicaciones largas.

El algoritmo de Twitter

Twitter suele mostrar a los usuarios las publicaciones más recientes en sus feeds. Por lo tanto, esto hace que sea más difícil interactuar con los seguidores si no publicas a menudo o si tus publicaciones se pierden en los feeds de un usuario porque hay muchos tweets que tienen que revisar. Sin embargo, Twitter lo compensa sugiriendo determinados temas en el feed de un usuario o colocando tweets de personas a las que el usuario no sigue, pero que son seguidas por alguien a quien dicho usuario sigue. Así, si un usuario sigue a la marca A, los tuits de la marca B pueden aparecer en su cronología porque la marca A sigue a la marca B. Tampoco hay que olvidar que los usuarios también pueden ver determinadas publicaciones porque a las personas que siguen les ha gustado, han comentado o retuiteado esa publicación.

Por lo tanto, las empresas deben crear estrategias que puedan sacar partido del algoritmo de Twitter para ser eficaces.

LinkedIn

Lo que siempre ha distinguido a LinkedIn de otras plataformas de redes sociales es la idea de que LinkedIn es el lugar para establecer contactos profesionales. Los usuarios acuden a esta plataforma para interactuar con colegas, empresas, líderes empresariales, organizaciones y otros profesionales en activo, así como para buscar empleo y publicar ofertas de trabajo. Esta red social cuenta con unos 830 millones de usuarios, entre particulares, empresas y organizaciones. La plataforma, por tanto, como era de esperar, tiene un ambiente más formal que otras plataformas de medios sociales. Las personas influyentes en esta plataforma tienden a centrarse en lo que han conseguido en sus carreras y en cómo otros pueden hacer lo mismo.

Principales características de marketing

Fuerte marketing de empresa a empresa (B2B)

El marketing B2B consiste básicamente en que una empresa utiliza diversas estrategias de marketing para darse a conocer a otras empresas con el objetivo de venderles sus productos y servicios. Estos productos y servicios están diseñados para satisfacer las necesidades de otras empresas. Por ejemplo, una empresa puede ofrecer soluciones informáticas a otras empresas o vender productos a minoristas. Así, mientras que el marketing de empresa a consumidor trata de comercializar soluciones a los problemas individuales de los consumidores, el marketing B2B trata de comercializar soluciones a otras empresas que resuelvan sus problemas.

Entre todas las plataformas de redes sociales, LinkedIn es sin duda la mejor opción para el marketing B2B. En la actualidad, LinkedIn genera más de la mitad de todo el tráfico que se dirige desde las redes sociales a los sitios web B2B. Más del 80% de los contactos B2B también proceden de LinkedIn. Esto convierte a LinkedIn en un centro neurálgico para el marketing B2B y en el mejor lugar para las empresas que venden productos y servicios a otras empresas.

Compromiso orgánico

LinkedIn ocupa el segundo lugar, después de Instagram, en cuanto al potencial de captación orgánica de nuevas audiencias sin tener que utilizar anuncios. Debido a la naturaleza de la plataforma, los usuarios suelen ser más receptivos a las publicaciones de marketing de las empresas en sus feeds.

Usuarios profesionales y de alto nivel

La mayoría de las grandes empresas y profesionales influyentes están en LinkedIn. Por lo tanto, como empresa que comercializa B2B, tienes una oportunidad tremenda de dar a conocer tu nombre e interactuar con otras grandes marcas que pueden convertirse en un cliente importante para tu negocio. Lo mismo puede decirse de acercarse a los profesionales influyentes con sus productos y servicios.

Su firma conjunta puede ayudar a aumentar la notoriedad de tu marca y a atraer nuevos clientes a tu negocio.

Además, LinkedIn es una gran plataforma para las empresas que se dirigen a profesionales en activo como contables, abogados, líderes empresariales y consultores. Este es el lugar donde todos ellos se reúnen y esperan establecer contactos. Si su empresa se dirige a estos públicos, LinkedIn es el mejor lugar para usted.

Contras del uso de LinkedIn para marketing

Enfoque muy limitado

Los puntos fuertes de LinkedIn como plataforma de redes sociales son también sus puntos débiles. Dado que LinkedIn suele considerarse una red profesional en la que se relacionan profesionales y empresas, sus estrategias de marketing serán muy limitadas en este sentido. Además, tu público objetivo también estará muy limitado, ya que la gente sólo utiliza LinkedIn por motivos profesionales y empresariales. Es poco probable que puedas vender productos y servicios que no encajen con el tema general o el público de LinkedIn.

Limitaciones creativas

LinkedIn tampoco ve con buenos ojos el tipo de publicaciones que puedes hacer en Instagram, YouTube o TikTok. Los tipos de medios que puedes utilizar para publicar en LinkedIn son muy limitados, y los usuarios suelen considerar extrañas las publicaciones que no se centran en la empresa o la carrera profesional. Por lo tanto, tendrás que seleccionar cuidadosamente tus contenidos para que se ajusten a lo que los usuarios de LinkedIn esperan ver en su feed.

El algoritmo de LinkedIn

El algoritmo de LinkedIn es un poco más quisquilloso que el de otras redes sociales. No se basa simplemente en la cronología o relevancia de las publicaciones que ve un usuario. Más bien, hay un proceso que se sigue con cada publicación que hace un usuario en LinkedIn. En primer lugar, LinkedIn filtra el "spam" y otros contenidos de baja calidad del resto. Tras este proceso, prueba la publicación con un público reducido. Si la publicación obtiene mucha participación, se mostrará a más seguidores, e incluso podría notificar a tus seguidores que tu publicación está recibiendo mucha participación. Si esto ocurre, LinkedIn puede incluso difundir tu contenido a otros usuarios que no sean tus seguidores.

Por lo tanto, es importante que las empresas reflexionen seriamente sobre lo que publican con fines de marketing, de lo contrario su contenido no llegará a una amplia variedad de audiencias. Especialmente en LinkedIn, es importante dedicar tiempo a entender cómo funciona el algoritmo y actuar en consecuencia.

TikTok

TikTok, en comparación con todas las demás plataformas de redes sociales tratadas en este capítulo, es el nuevo chico del barrio. Apareció en 2016 como una aplicación para compartir vídeos con la que los usuarios pueden disfrutar haciendo videoclips cortos y entretenerse con los vídeos creados por otros usuarios. La mayoría de los vídeos compartidos en TikTok duran 15 segundos. Los usuarios también pueden compartir vídeos de 60 segundos en sus historias. A lo largo de los años, los tipos de vídeos que comparten los usuarios se han ido diversificando cada vez más, sobre todo con la participación en la plataforma de usuarios de diferentes ámbitos de la vida. Lo que diferencia a TikTok de otras redes sociales es que no es necesario seguir a nadie. Basta con abrir la página Descubrir y ver vídeos sin parar. A finales de 2021, TikTok tenía 1.200 millones de usuarios mensuales, ¡y se está acercando rápidamente a la marca de los 2.000 millones! Además, la mayoría de los usuarios de TikTok son jóvenes (menores de 30 años).

Principales características de marketing

Todo es cuestión de entretenimiento (en su mayoría)

El 60% de los usuarios de TikTok afirman que la principal razón por la que utilizan la plataforma es porque buscan entretenimiento. Obviamente, esto juega un papel importante en el tipo de contenido que las empresas publican en TikTok. Los vídeos utilizados para comercializar un negocio en TikTok deben ser entretenidos para que los usuarios los vean, de lo contrario es posible que no generes mucho tráfico en tu canal de TikTok.

Sin embargo, otra cosa que hay que tener en cuenta es el hecho de que, aunque el entretenimiento encabeza la lista de razones por las que los usuarios ven vídeos en TikTok, otras razones incluyen el hecho de que los vídeos son inspiradores, ofrecen breves actualizaciones sobre las últimas tendencias, tienen un aspecto emocional o son cercanos. Si no estás muy seguro de la capacidad de tu empresa para generar vídeos entretenidos, quizá quieras probar estos otros tipos de vídeos y ver el éxito que tienen. De lo contrario, es mejor que pruebes otras plataformas de redes sociales si el entretenimiento no es lo tuyo.

Otro centro para influyentes

TikTok está ganando impulso como el lugar donde estar para los influencers. Ahora es la segunda plataforma más popular para influencers después de Instagram. Por lo tanto, es otra oportunidad para que las empresas se asocien con influencers para aumentar el conocimiento de la marca y llegar a más clientes que quieran comprar sus productos y servicios.

Contras del uso de TikTok para marketing

Espacio limitado para maniobrar

Las principales características de TikTok son también sus puntos débiles. Como sólo se pueden crear vídeos muy cortos con valor de entretenimiento, las marcas tienen muy poco con lo que trabajar en términos de marketing en esta plataforma de redes sociales. Lo más importante en todo este proceso es hacer un vídeo. No hay forma de evitarlo. Si su marca no es capaz de hacerlo, entonces esta plataforma de medios sociales no es la mejor opción para su marca.

YouTube

YouTube es el gigante de las redes sociales para compartir vídeos. Se diferencia de TikTok en que no hay limitaciones en el tipo de vídeos que los usuarios pueden compartir. Puede tratarse de vídeos cortos de un minuto o de largos ensayos de una hora. Los canales más populares de YouTube suelen ser individuales o un grupo de creadores que no forman parte de ninguna empresa o corporación, sino que son individuos que decidieron hacer vídeos sobre temas que les gustan o interesan. YouTube es un espacio para un conjunto diverso de creadores y, en general, hay algo para todo el mundo. Hay resúmenes de partidos deportivos, tutoriales de instrucciones, canales de juegos, canales de crítica de películas y series, canales de vídeos musicales, canales de cocina, comentarios sociales; la lista es interminable. YouTube tiene más de 2.600 millones de usuarios activos mensuales. Es realmente una de las plataformas más dominantes en el espacio de las redes sociales.

Principales características de marketing

Trabajar con creadores

Hay muchos creadores en YouTube que han superado el millón de suscriptores y tienen cientos de miles de personas que ven cada uno de los vídeos que publican. Un negocio paralelo habitual de estos creadores es ganar dinero anunciando brevemente marcas en sus vídeos. Esto expone a las marcas al público masivo al que atraen estos creadores y les da la oportunidad de conseguir nuevos clientes a través de contenido promocional en YouTube. Si no eres capaz de crear vídeos y generar un gran número de seguidores para tu marca, esta podría ser la vía que utilices para acceder a este mercado.

Diversidad de contenidos

YouTube no se acerca ni de lejos a TikTok en cuanto al tipo de restricciones que TikTok impone a los creadores en cuanto a los contenidos que pueden crear. YouTube da a los creadores la libertad de hacer cualquier tipo de vídeo que quieran, y el tiempo que quieran. Los creadores pueden incluso publicar vídeos que sólo reproduzcan audio, o incluso un episodio de podcast en formato de vídeo. Por lo tanto, esto da a las marcas mucho margen para crear el tipo de vídeos que deseen con el fin de atraer a los usuarios hacia su marca.

Resultados de Google

Una de las características más beneficiosas de YouTube es que tus vídeos pueden aparecer en las búsquedas de Google. Con las estrategias y la optimización adecuadas, puedes aumentar exponencialmente la notoriedad de tu marca convirtiendo tu vídeo en el primer resultado de búsqueda de un tema estrechamente relacionado con los productos y servicios que ofrece tu empresa.

Contras del uso de YouTube para marketing

Hay que hacer vídeos

Al igual que con el uso de TikTok con fines de marketing, la clave del éxito es ser capaz de hacer buenos vídeos. Tienes que aportar el tipo de contenido adecuado, contar con los recursos adecuados para hacer y editar vídeos, y ser capaz de conseguir que muchos usuarios vean y les gusten tus vídeos. Si no eres capaz de hacer eso, o si no tienes a nadie en tu equipo que pueda hacerlo, entonces es mejor que utilices otra plataforma de medios sociales.

Snapchat

Un gigante olvidado en el espacio de las redes sociales es Snapchat. Se ha convertido en uno de esos temas que sólo recuerdas cuando alguien lo menciona de pasada o cuando lo lees en las noticias. Eso no quiere decir, sin embargo, que Snapchat haya caído. Todo lo contrario. En junio de 2022, Snapchat tiene 400 millones de usuarios activos mensuales.

En cuanto a su funcionamiento, en pocas palabras, Snapchat es una plataforma en la que los usuarios pueden compartir fotos y vídeos entre sí. La única diferencia con otras plataformas de medios sociales donde se puede hacer lo mismo es que este contenido es temporal. En otras palabras, sólo está disponible durante un breve periodo de tiempo. Una vez transcurrido ese periodo, la publicación desaparece y deja de ser accesible. Se podría argumentar que esta fue la fuerza impulsora de otras plataformas de medios sociales que permiten a los usuarios publicar "actualizaciones de historias" que sólo están disponibles durante 24 horas antes de desaparecer también.

Al igual que TikTok, Snapchat es en gran medida un juego de usuarios jóvenes. El 78% de los usuarios de Snapchat tienen entre 15 y 35 años. Snapchat también afirma que llega al 75% de todos los usuarios de 13 a 34 años de Estados Unidos. Sea cierto o no, el hecho es que el mercado objetivo de Snapchat es el público más joven.

Principales características de marketing

Marketing basado en la localización

Una de las funciones más importantes que Snapchat puede ofrecer a las empresas es el marketing basado en la localización. Snapchat tiene una función llamada Snap Map. Lo que hace es que te permite encontrar usuarios y negocios cercanos e interactuar con ellos o seguirlos. Un informe reciente muestra que más de 250 millones de usuarios utilizan Snap Maps mensualmente. Esto le proporciona una manera fácil de conectar con audiencias dentro de su área que serán más propensos a interactuar con sus productos y servicios, ya que son capaces de llegar a su tienda físicamente.

Marketing de aplicaciones

Una tendencia interesante en Snapchat es el hecho de que los usuarios de Snapchat tienden a ser las personas que descargan muchas aplicaciones en sus teléfonos y también compran productos y servicios utilizando aplicaciones. Según un informe reciente, más del 40 % de los usuarios de Snapchat afirman que suelen descargarse entre una y cinco aplicaciones a la semana, mientras que más de 46 millones de usuarios afirman que utilizan aplicaciones para realizar compras al menos una vez al mes.

Esta información es especialmente importante para los desarrolladores de aplicaciones. Si quieres lanzar campañas de marketing para las aplicaciones que lanza tu marca, Snapchat puede ser el mejor lugar para buscar a tu público objetivo. Sobre todo porque la mayoría de los usuarios de Snapchat son jóvenes. El público joven es más propenso a probar diferentes aplicaciones y es más, me atrevería a decir, conocedor de la tecnología.

Contenido agradable

Snapchat es, en general, una plataforma de entretenimiento y de contenidos para sentirse bien. Muchos usuarios la identifican como tal. Por lo tanto, las marcas deben pensar estratégicamente en el tipo de contenido que compartirán con los usuarios en sus feeds y en cómo comercializarán sus productos y servicios a través de este tipo de contenido.

Snap Insights

Snap Insights es una función integrada que permite a los usuarios controlar quién ve su contenido y ver qué tipo de contenido está funcionando bien. Obviamente, esto le ayudará a ajustar su estrategia de marketing para que sea más eficaz y se dirija a las audiencias que están interesadas en su marca y que podrían acabar comprando bienes y servicios que podría vender su marca.

Contras del uso de Snapchat para el marketing

Limitaciones en la creación de contenidos

La limitación obvia en la creación de contenidos para Snapchat es el periodo finito que dura una publicación. Por lo tanto, los usuarios no pueden volver a tus publicaciones anteriores y ver lo que se han perdido o ponerse al día con la última información compartida por tu marca. También hace que el lanzamiento de campañas en redes sociales sea más complicado, porque necesitas que tu público vea esa publicación que hiciste en ese momento. Por supuesto, puedes volver a publicarla, pero corres el riesgo de que los usuarios dejen de ver tus snaps porque saben que tu contenido es repetitivo. Esto impone serias restricciones a tu estrategia de marketing.

Además, los vídeos en Snapchat sólo duran 10 segundos. Esto limita mucho el tipo de contenido de vídeo que puedes compartir, en comparación con otras redes sociales.

Falta de compromiso de los usuarios

Por desgracia, con Snapchat no hay forma de saber realmente si los usuarios están viendo los vídeos que publicas. Podrían habérselo saltado. Esto hace que sea más difícil controlar cómo van tus vídeos y si necesitas cambiar las tácticas de marketing.

Sin opción de recompra

Snapchat no es una plataforma como Twitter, en la que puedes retuitear una publicación realizada por otra persona. No hay ninguna función que te permita hacer algo así en Snapchat. La única opción es hacer una captura de pantalla y volver a publicarla. Esto hace que sea más difícil interactuar con tu base de usuarios y conectar con ellos a un nivel más profundo que en Twitter o Facebook.

CAPÍTULO 3: LANZAR UNA CAMPAÑA DE MARKETING EN REDES SOCIALES

En los dos capítulos anteriores, hemos tratado las razones por las que el marketing en general es importante y por qué el marketing en redes sociales en particular se ha convertido en esencial para el éxito de una marca. También hemos tratado a grandes rasgos las principales plataformas de redes sociales y los pros y los contras asociados a cada una de ellas a efectos del marketing en redes sociales. Una vez aclarado esto, es hora de entrar en los detalles del marketing en redes sociales. Empezaremos por un aspecto que a menudo se pasa por alto, pero que es muy importante: la planificación y el lanzamiento de una campaña de marketing en redes sociales.

Una campaña de marketing en redes sociales es el término utilizado para describir el esfuerzo de marketing planificado y coordinado de una empresa o marca para utilizar las redes sociales con el fin de obtener determinados resultados, como aumentar la notoriedad de la marca, crear una base de clientes o incrementar las ventas de determinados productos y servicios lanzados por esa marca. Por tanto, estas campañas cuentan con determinadas estrategias para producir los resultados deseados e influir en el comportamiento de los consumidores en los medios sociales.

Lanzar una campaña en las redes sociales es como poner en marcha un negocio. Hay ciertos objetivos que hay que alcanzar para que funcione con éxito, desde la fase de planificación hasta la de ejecución. La parte más importante del lanzamiento de una campaña en las redes sociales es la fase de planificación. Todo debe estar pensado, escrito y planificado paso a paso para garantizar el máximo impacto. Es como si las empresas vivieran y murieran en función de su plan de negocio. Un plan de negocio adecuado y meticuloso contribuye en gran medida a garantizar el éxito de la empresa. Lo mismo ocurre con las campañas en las redes sociales.

Dicho todo esto, centrémonos en el proceso paso a paso para lanzar una campaña en las redes sociales. Una gran parte de este proceso consistirá en planificarla, por las razones expuestas anteriormente.

Primer paso: fije sus objetivos

La primera etapa es elemental, pero muy importante: debe decidir cuál es el objetivo de su campaña de marketing en redes sociales. Tus objetivos desempeñarán un papel crucial a la hora de decidir cómo será tu campaña, su duración y cuáles serán los parámetros adecuados para medir su éxito. Un dicho ingenioso en el mundo del marketing es que sus objetivos deben ser SMART. En otras palabras, tienen que ser específicos, medibles, alcanzables, relevantes y limitados en el tiempo.

Es probable que los objetivos de su campaña pertenezcan a una de las siguientes categorías:

Mejorar el conocimiento de la marca

La "conciencia de marca" es el grado en que los consumidores pueden reconocer una determinada marca y los productos y servicios que ofrece. En relación con esto está cómo perciben los consumidores la calidad de los productos y servicios de una marca. Se trata, por tanto, de asegurarse de que cada vez más consumidores conozcan realmente su marca y de qué se trata. En otras palabras, su objetivo podría ser asegurarse de que su marca se convierta en un nombre familiar o se asocie a un determinado producto o servicio.

Conectar con su público

Como se explica en el Capítulo 1, una de las formas de construir su marca es conectando con sus clientes y desarrollando relaciones con ellos. Las campañas de marketing en redes sociales pueden consistir simplemente en hacer eso. Esto, a su vez, puede crear clientes fieles que crean en su marca y compren siempre lo que usted vende.

Aumentar el tráfico del sitio web

Uno de los objetivos más tradicionales del marketing es conseguir que los consumidores visiten el sitio web de su marca para que más personas puedan conocer los productos y servicios que ofrece su marca y quizás también comprar alguno. A menudo, esto puede conseguirse incluyendo enlaces en los posts o haciéndolos formar parte de las conversaciones que se producen a raíz de la campaña de marketing lanzada.

Aumentar las ventas

Este será probablemente su objetivo final. Las campañas de marketing proporcionan la potencia de fuego necesaria para aumentar el número de personas que compran productos y servicios vendidos por una marca y, por lo tanto, aumentar la rentabilidad de esa marca. En algunos casos, es posible que se lance una campaña de marketing en torno a un producto específico, con el objetivo de atraer clientes hacia ese producto en concreto. Otra posibilidad es que la campaña tenga por objeto simplemente aumentar las ventas para situar a la empresa en una mejor posición.

Segundo paso: Investigue a su competencia

Una parte importante de la planificación de una campaña en redes sociales es averiguar qué está haciendo la competencia. Compruebe cómo son sus cuentas en las redes sociales, qué tipo de campañas lanzan, qué tipo de interacción consiguen, qué funciona y qué no, y qué puede hacer usted de forma diferente. Toda esta información te ayudará a perfeccionar tu estrategia de campaña y a descubrir cómo puede destacar tu marca cuando lances tu campaña de marketing en las redes sociales. También le ayudará a filtrar las ideas que pueda haber tenido y que generalmente no funcionan bien con su público objetivo.

Tercer paso: Conozca a su público objetivo

Un elemento fundamental de la planificación de una campaña de marketing en redes sociales es saber quién es su público objetivo. No basta con comercializar su marca en las redes sociales y esperar lo mejor. El tipo de campaña de marketing que lances debe estar personalizada para tu mercado objetivo. Si tus estrategias de marketing y tus publicaciones no coinciden con los intereses de las personas a las que intentas llegar, no se molestarán en participar en los esfuerzos de tu marca.

Pero cuando sepa qué le gusta exactamente a su público objetivo y qué hará que se comprometa con usted, tendrá muchas más probabilidades de que su campaña de marketing tenga éxito.

Teniendo todo esto en cuenta, hay que investigar a fondo a su público objetivo. Entérate bien de quiénes son y a qué se dedican, obtén buenos datos sobre su demografía, ubicación, nivel de ingresos y las necesidades y deseos que tienen asociados a lo que tu marca les vende. Averigua por qué plataformas de redes sociales navegan, con qué tipo de publicaciones se relacionan, qué tipo de campañas de marketing han funcionado con ellos y qué puedes ofrecerles. Al fin y al cabo, debes asegurarte de tener siempre presente a quién quieres llegar y por qué, y dejar que eso impregne tu estrategia de marketing en redes sociales. No conectar con tu público objetivo es la forma más rápida de fracasar. No cometas ese error.

Cuarto paso: Elija su plataforma de medios sociales

Es probable que su público objetivo no esté presente en todas las redes sociales. Incluso entre las plataformas en las que tienen una cuenta, es probable que no revisen sus feeds en todas ellas con regularidad. El hecho de que alguien tenga una cuenta de Instagram no significa que la utilice. Por lo que usted sabe, sólo abren esa aplicación cuando un amigo les envía un enlace que sólo se puede utilizar en Instagram. O puede que sólo tengan Facebook para recibir notificaciones sobre los cumpleaños de sus amigos. Por eso el término "usuarios activos" es muy importante a la hora de investigar qué plataforma utiliza tu público objetivo. Un usuario activo es alguien que utiliza una plataforma de medios sociales con regularidad. Una métrica aún más precisa es "usuario activo diario". Esto debería poder ayudarte a filtrar en qué plataformas están tus seguidores y la frecuencia con la que la utilizan.

Una vez delimitadas las plataformas en las que se encuentra su público objetivo, el siguiente paso es determinar qué plataformas funcionan mejor para su marca.

Como se explica en el capítulo 2, cada plataforma de redes sociales tiene sus pros y sus contras y sus propios retos logísticos. Tienes que elegir las plataformas en las que crees que tu marca podrá ofrecer el mejor tipo de contenido. Sin embargo, cabe la posibilidad de que tenga muy pocas opciones, sobre todo si su público objetivo sólo navega entre un número limitado de plataformas de redes sociales.

Paso 5: Crear un plan de acción

El siguiente paso en la planificación de una campaña de marketing en redes sociales es haber escrito con detalle cómo será exactamente la campaña. En otras palabras, hay que determinar el tipo de contenido que se va a publicar en estas plataformas de redes sociales, de forma que se ajuste a los objetivos y a lo que mejor funciona con el público objetivo. Sea cual sea la estrategia que elija, una de las cosas más importantes que tendrá que hacer es contar una historia coherente. Esta es la historia de por qué está llevando a cabo la campaña, qué valor obtendrán los usuarios de su participación y cuál es el objetivo final.

Entre las estrategias de contenido más populares que han funcionado para muchos en el pasado se incluyen las siguientes:

Influenciadores

Ya hablamos brevemente de esta estrategia de marketing en el capítulo anterior. Consiste en identificar a personas influyentes en las plataformas de redes sociales a las que se dirige y con las que puede asociarse para promocionar su marca. Normalmente, estas personas influyentes reciben algún tipo de compensación como resultado. Tu objetivo al hacer esto es conectar tu marca con su audiencia, que idealmente será el mercado objetivo exacto al que quieres promocionar tus productos y servicios. Por ejemplo, una tendencia común entre las marcas de reparto de comida es asociarse con creadores de contenido en YouTube que hacen tutoriales sobre recetas de comida. Si su marca entrega comestibles en la puerta de un cliente, entonces la audiencia de ese creador de contenido podría estar más inclinada a comprometerse con su marca porque la entrega de comestibles facilitará su capacidad para cocinar recetas que ven en YouTube. El mismo tipo de pensamiento se aplica a las personas influyentes en sectores como el fitness, la ropa y los accesorios, las críticas de películas y juegos, etc.

Por lo tanto, el influencer que elijas debe estar en consonancia con el tipo de productos y servicios que ofrece tu marca. En consecuencia, será importante que investigues a fondo al influencer con el que quieres asociarte para asegurarte de que encaja bien.

Publicidad de pago

Como ya se ha mencionado en el capítulo anterior, el marketing orgánico en redes sociales consiste en llegar al público sin utilizar publicidad de pago. Sus estrategias para publicar contenido en las redes sociales, cuando se trata de marketing orgánico, es involucrar y conectar con su audiencia existente y capitalizar los algoritmos de las redes sociales con el fin de llegar a más personas. Sin embargo, como se explicó anteriormente, el mayor problema con el marketing orgánico en redes sociales es que los números no son muy amigables cuando se trata de llegar orgánicamente a nuevas audiencias. El porcentaje de usuarios que ven tus publicaciones de forma orgánica y que son nuevas audiencias en las plataformas de medios sociales apenas llega al 6%.

Aquí es donde entra en juego la publicidad de pago. La publicidad de pago consiste en que las marcas pagan a las plataformas de redes sociales para que compartan sus contenidos con nuevas audiencias. A menudo, esto implica compartir el contenido con audiencias muy específicas, idealmente aquellas que estarán muy interesadas en el contenido compartido por la marca, o en los productos y servicios comercializados por la marca. La publicidad de pago ha ido en aumento en los últimos años, en respuesta directa al incremento de personas que se convierten en usuarios activos de las plataformas de medios sociales y pasan más tiempo en los medios sociales en general.

La publicidad de pago es, por tanto, una de las mejores formas de llegar a nuevos públicos en las plataformas de medios sociales. Sin embargo, esto debe complementarse con un marketing orgánico en redes sociales dirigido a conectar y establecer relaciones con las audiencias existentes que ya conocen su marca.

Contenidos generados por los usuarios (CGU)

¿Has visto alguna vez una tendencia en las redes sociales en la que los usuarios realizan una determinada tarea bajo el lema de un hashtag? Una de las más conocidas en todo el mundo fue el reto del cubo de hielo, en el que los usuarios publicaban vídeos en los que se duchaban con un cubo de hielo y retaban a otra persona a hacerlo después. Este reto se hizo viral en la mayoría de las redes sociales, y personas de todo el mundo participaron en él. Este reto sensibilizó a la opinión pública mundial sobre la esclerosis lateral amiotrófica (ELA) y, como consecuencia, se donaron millones de dólares. Esto es, en esencia, el contenido generado por el usuario.

El objetivo es que una marca proponga una actividad divertida y atractiva en las redes sociales, a menudo a cambio de una recompensa. Esto puede requerir que los usuarios cuenten una historia o compartan un vídeo o una foto, y que el mejor post reciba la recompensa. Para las marcas, esto puede ser tan sencillo como pedir a los usuarios que compartan una foto o un vídeo utilizando el producto de alguna manera en las redes sociales. Esto puede generar expectación en torno a un nuevo producto que la marca haya lanzado recientemente.

Contenido pegajoso

Quizá una de las opciones más comunes y que más ventajas ofrece a una marca es publicar contenidos que interactúen directamente con los usuarios y les inciten a compartirlos con otras personas o a adquirir el producto o servicio que se anuncia en la publicación. El objetivo es ofrecer contenidos que conecten con el usuario, lo entretengan o aborden una necesidad o un problema específico que tenga. Planificar, crear y ofrecer este tipo de contenido "pegajoso" es obviamente más fácil de decir que de hacer, pero con un estudio de mercado adecuado y comentarios útiles, es un objetivo muy alcanzable.

Sexto paso: Diseñe su estrategia de contenidos

Llevar a cabo una campaña en las redes sociales puede ser frenético. Tienes que estar al tanto de la creación de contenidos, la participación de los usuarios, las actualizaciones y asegurarte de que todo funciona sin problemas. Una de las formas de facilitar el proceso para su marca es planificar la campaña en un calendario de algún tipo. Marque con un círculo las fechas en las que desea publicar determinados contenidos y cuál será ese contenido y, a continuación, trace los demás elementos clave de su campaña. Vuelve una y otra vez a este calendario para asegurarte de que estás al tanto de todo y para revisar lo que haya que cambiar cuando sea necesario.

Hay muchas herramientas a tu disposición que pueden ayudar a tu marca a dirigir su campaña. Por ejemplo, Hootsuite, Crowdfire y CoSchedule ofrecen herramientas que facilitan a las marcas la programación de sus publicaciones y el seguimiento de la actividad.

Séptimo paso: Lance su campaña y siga controlándola

Una vez que hayas planificado todos los detalles de tu campaña de marketing en redes sociales, el siguiente paso es ponerte manos a la obra. Empieza a ejecutar todas las fases clave de tu campaña y haz un seguimiento de todo.

Un elemento clave del lanzamiento de su campaña será hacer un seguimiento de las métricas. En otras palabras, tienes que revisar el éxito de tu campaña de marketing echando un vistazo a cómo de buena es la participación, si tu marca está ganando seguidores, si se está recibiendo más tráfico en tus sitios web y si están aumentando las ventas. Por lo general, estos datos pueden rastrearse a través de las funciones integradas de la plataforma de medios sociales en la que te anuncias, aunque, por supuesto, existen diferentes programas y servicios que te ayudarán a acceder e interpretar aún más métricas.

CAPÍTULO 4: ¿QUÉ PUBLICAR EN LAS REDES SOCIALES?

Una vez que haya lanzado su campaña de marketing en redes sociales, uno de los principales retos a los que se enfrentará su marca será seguir generando nuevos contenidos en sus plataformas de redes sociales. Si sus publicaciones se vuelven obsoletas, repetitivas o inexistentes, lo más probable es que su marca pierda compromiso y relevancia en las redes sociales, y el impulso que ha generado en su campaña de marketing se irá desvaneciendo poco a poco. Otro problema puede ser que no sepas exactamente qué publicar en las redes sociales, con lo que tus esfuerzos de marketing tardarán en despegar.

No tiene por qué enfrentarse a este tipo de problemas en su campaña de marketing. El objetivo de este capítulo es ofrecerte una amplia lista de ideas que puedes tomar y utilizar para las actividades de tu marca en las redes sociales. Toma algunas de estas ideas que creas que encajan con tu marca, pruébalas y comprueba qué tipo de publicaciones resuenan mejor entre tu público.

Ideas de contenido para las redes sociales

Destaque su propio contenido

¿Tiene su marca o empresa un sitio web que publique regularmente artículos, blogs o noticias? Si es así, una de las formas más sencillas de mantener actualizado tu feed en las redes sociales es destacar este contenido en tus publicaciones y proporcionar un enlace. Para hacerlo más atractivo, puedes incluir una breve descripción del contenido o una cita que llame la atención del oyente y le haga querer hacer clic en el enlace y leerlo. Otras ideas podrían ser destacar una serie de podcasts que esté realizando su empresa o destacar vídeos publicados en el canal de YouTube de su empresa.

Iniciar una serie diaria, semanal o mensual

Empezar una serie es una de las maneras más fáciles de asegurarse de que sigue publicando contenido fresco en el feed de su marca. Aquí, puedes tomar un tema específico y publicar sobre él de forma regular. Por ejemplo, cada viernes durante un mes puedes compartir una nueva receta con tu audiencia. O puedes empezar un #LunesDeMotivación, en el que tu objetivo sea inspirar a tu audiencia a seguir adelante durante la semana y trabajar duro mediante el uso de citas, vídeos, historias de personas de éxito en el sector, etc. Al poner en marcha este tipo de series, puedes crear expectación y conseguir que tu público esté ansioso por ver cuál será tu próxima publicación. Puede que incluso empiecen a seguir tu marca o a suscribirse a tu canal simplemente para estar al día de las series que publiques.

Organice una sesión de preguntas y respuestas

La mayoría de las plataformas de redes sociales disponen de una función de retransmisión en directo en la que los usuarios pueden sintonizar una emisión y hacerle preguntas en directo. Una sesión de preguntas y respuestas sirve para que el público pueda plantear cualquier duda que tenga sobre su marca, los productos y servicios que ofrece, o plantear problemas que tengan con los productos y servicios para que usted pueda ayudarles con ellos. Es una forma sencilla de conectar con el público y entablar relaciones con él.

Las retransmisiones en directo de Ask Me Anything tienen un objetivo diferente. El objetivo de los AMA es que tu público te pregunte y te conozca. El tipo de preguntas que se plantean pueden ser de cualquier tipo y se supone que permiten a los clientes ver el lado personal de su negocio y aumentar el conocimiento de la marca. Cuando los clientes escuchan tu historia y son capaces de conectar contigo a través de las preguntas que te hacen, sienten que realmente te conocen a ti y a tu marca.

Concursos y sorteos

Por lo general, los concursos y sorteos funcionan bien en las redes sociales. Los datos nos lo dicen. En un estudio realizado en 2019, se descubrió que el 91 % de las publicaciones de Instagram que tenían más de 1000 me gusta o comentarios estaban relacionadas con un concurso. Además, se descubrió que las cuentas que organizaban concursos de forma regular experimentaban un crecimiento de seguidores un 70% más rápido que las que no lo hacían. Por lo tanto, los concursos y los sorteos funcionan muy bien para generar expectación y aportan contenido fresco cada vez que se publica un concurso o un sorteo.

Los concursos requieren que los usuarios realicen algún tipo de actividad para ganar un premio a la mejor publicación. Piense en el tipo de ideas comentadas anteriormente en relación con los contenidos generados por los usuarios. Estos concursos tienen como objetivo dar a conocer una marca y destacar un determinado producto que la marca está tratando de vender. Los sorteos, sin embargo, funcionan de forma algo diferente. Suelen girar en torno a un sistema aleatorio para decidir cuál de los participantes se lleva el producto.

Poner en marcha concursos y sorteos es un proceso relativamente sencillo: hay que tener algo que se pueda regalar, términos y condiciones, una forma de participar y un punto de contacto. Los términos y condiciones deben estar en consonancia con las leyes de juego de su zona. La forma de participar debe ser algo creativo, como utilizar un hashtag o publicar un vídeo en el que utilicen tu producto de una forma determinada.

Tutoriales e instrucciones

Este tipo de contenido debe estar relacionado con los productos y servicios que ofrece su marca. Por ejemplo, puede ser un post que muestre a los usuarios cómo utilizar uno de tus productos, o cómo activar una determinada función. Se trata de ofrecer consejos prácticos y útiles que los usuarios aprecien o les interesen.

Los vídeos explicativos sirven para explicar ciertas cosas, como para qué sirven determinados productos o servicios, o a qué se dedica su empresa.

Contenido entre bastidores

Se trata de dar a los usuarios la oportunidad de asomarse detrás del telón y conocer el funcionamiento interno de su empresa. Puede tratarse de cómo se fabrica un determinado producto, de un día en la vida, de un vídeo que muestre un determinado proceso, de imágenes de edificios de oficinas, fiestas, eventos, etc. Esto permite a los usuarios ver la personalidad de su marca y sentirse más conectados con ella porque ya no ven sólo un logotipo, sino también personas reales. Puede desempeñar un papel importante en la construcción de su marca, al tiempo que garantiza que su contenido se mantiene fresco.

Encuestas y concursos

Muchas plataformas de redes sociales te permiten poner una encuesta y hacer que tus usuarios voten sobre algo. También te permiten poner una especie de cuestionario en el que los usuarios pueden elegir entre varias opciones y elegir la correcta. Si han acertado o no, suele aparecer inmediatamente.

Las marcas pueden utilizar estas herramientas en su beneficio. Podrían, por ejemplo, iniciar una encuesta sobre un producto o servicio que quieren lanzar y obtener la opinión de sus clientes en Twitter o Instagram mediante un sondeo. También pueden organizar concursos sobre temas populares o datos interesantes relacionados con su sector. Por ejemplo, una empresa del sector deportivo puede organizar concursos sobre ese deporte, como cuántos campeonatos de la NBA tienen los Lakers de Los Ángeles, o qué jugador de la NBA ha jugado en los Knicks de Nueva York, los Heat de Miami y los Bulls de Chicago. Una idea especialmente creativa fue la de una marca que pidió a los usuarios que indicaran de qué país eran y, a continuación, publicaron un vídeo sobre un futbolista de ese país y un gol impresionante que había marcado.

Clientes en primer plano

Se trata de destacar a un cliente fiel y compartir algún tipo de publicación sobre él. Puede ser una foto o un vídeo de ellos utilizando tu producto, o puede ser una foto o un vídeo de ellos explicando por qué han sido fieles a tu marca durante tanto tiempo. Esto puede ser especialmente impactante si el cliente es un nombre conocido o una persona influyente a la que el público tiende a escuchar. También puede ser simplemente un post en el que expliques por qué te gusta tenerlos como clientes.

Características sobre los miembros de su equipo

Esta es otra oportunidad para crear una serie de posts sobre un tema específico. En este caso, el tema específico es su equipo. Esto requiere que publiques contenido sobre cada miembro de tu equipo, explicando quiénes son, qué hacen y otra información que creas que será relevante para tu base de usuarios. Incluye también una foto o un vídeo de ellos al crear el post. De este modo, los clientes podrán poner caras a su marca y añadirá un toque más personal que hará que los clientes se sientan más conectados con su marca.

Entrevistas

Cuando se trata de entrevistas, una de las formas más impactantes de hacerlas es entrevistar a miembros importantes de una industria o profesión a la que tu marca atiende, o entrevistar a un influencer con el que te estás asociando y que tiene una audiencia que se beneficiaría de los productos y servicios ofrecidos por tu marca. De este modo, ofrecerás a los usuarios entretenimiento y contenido fresco, y conseguirás dar a conocer tu marca a la audiencia de un influencer o profesional.

Adquisición de las redes sociales

Las tomas de control de las redes sociales consisten básicamente en que alguien que no es la propia marca dirige la página de una marca en las redes sociales durante un día. Suele consistir en publicar actualizaciones de estado y organizar sesiones de "pregúntame lo que quieras" durante el día. Como en el caso de las entrevistas, puede tratarse de personas influyentes, miembros de un sector o profesionales a los que la marca se dirige o a cuyo público quiere llegar con sus productos y servicios.

Compartir un hito

Ya se trate de un hito relacionado con el tiempo que lleva existiendo tu empresa, la rentabilidad, el número de usuarios que siguen tus perfiles en las redes sociales o están suscritos a tu canal de YouTube, o cualquier otra cosa que pueda considerarse un hito, este tipo de publicaciones pueden funcionar bien con tu base de usuarios porque les demuestra que estás agradecido por su lealtad a tu marca, y que vas camino de conseguir algo grande.

Asociarse con otra marca

Una idea interesante que puede aprovechar es realizar una campaña de marketing con otra marca con la que no compita directamente. Esto le permitirá tener más manos a la obra, realizar campañas de marketing más grandes y aprovechar la audiencia de la otra marca.

Hacer un meme

Este es probablemente uno de los tipos de cosas más arriesgadas para publicar en tu plataforma de redes sociales, especialmente porque el humor es subjetivo. Si te equivocas, los usuarios pueden sentirse ofendidos por lo que publicas, lo que puede dañar la reputación de tu marca. Sin embargo, por otro lado, un meme realmente divertido puede hacerse viral y añadir más personalidad a tu marca y crear nuevos seguidores. Si decides seguir este camino, será importante que te asegures de que la publicación está en consonancia con el humor de tu audiencia.

Publicaciones habituales en las redes sociales

Aparte de lo anterior, hay otros tipos habituales de publicaciones en redes sociales que su marca puede utilizar para mantener su compromiso. Pueden ser comentarios y respuestas a otros usuarios, me gusta, retweets, publicaciones sobre próximos eventos y promociones, publicaciones sobre horarios de apertura y otra información relevante, entre otros tipos de publicaciones.

Reutilización de contenidos

Una de las formas menos obvias de asegurarse de que siempre tiene contenido para publicar en sus redes sociales es reutilizar el contenido que ya tiene en otros sitios. Por ejemplo, si tienes entradas de blog en tu sitio web que podrían compartirse en tus redes sociales, puedes recortar partes relevantes de esos blogs y convertirlas en imágenes, vídeos o datos curiosos que se publiquen en tus redes sociales. Si, por ejemplo, hay una entrada de blog que es un proceso paso a paso para utilizar un determinado producto o capitalizar una determinada característica, puede diseñar imágenes que se publiquen diariamente, delineando esos pasos que los usuarios pueden seguir. También puedes crear un vídeo en el que se describan esos pasos.

Lo que no se debe hacer en las redes sociales

Aunque es importante saber qué tipo de material se puede publicar en las redes sociales, también hay que saber lo que no se debe publicar para evitar tener que enfrentarse a un grave problema de relaciones públicas o a problemas con las propias plataformas de redes sociales.

El dilema de copiar y pegar

A la hora de publicar contenidos en las redes sociales, es obvio que querrás asegurarte de que los publicas en todas partes para que lleguen a toda tu audiencia y tengan el máximo efecto. La cuestión es cómo hacerlo exactamente. Podría pensarse que basta con copiar lo que se publica en una red social y pegarlo en la siguiente. Sin embargo, hay algunos problemas clave con este enfoque.

Cada plataforma de redes sociales se dirige a un público diferente. Incluso si se dirigen al mismo público, el tipo de contenido que los usuarios esperan ver en estas plataformas varía. Los usuarios de LinkedIn esperan ver contenidos profesionales relacionados con su carrera o sus negocios. Los usuarios de Instagram esperan entretenerse con imágenes y vídeos. Los usuarios de Twitter esperan tweets informativos, educativos, entretenidos o inspiradores. Los usuarios de TikTok esperan que les entretengan los vídeos. Sería extraño que un usuario publicara un tutorial de punto en LinkedIn o un vídeo de una hora en Instagram que no fuera una grabación en directo o una entrevista. Los usuarios esperan distintos tipos de contenido en las plataformas de redes sociales que utilizan, independientemente de si usan varias o siguen tu marca en cada una de ellas.

Además, los usuarios pueden pensar que no hay necesidad de seguirte en todas tus redes sociales si todo lo que haces es copiar y pegar el mismo material en cada una de ellas. Esto significa que no puedes conectar con la red de ese usuario en todas las plataformas de medios sociales en las que opera porque decidió seguirte sólo en una de ellas. Un usuario puede tener diferentes amigos/seguidores en cada plataforma que maneja por diversas razones. En LinkedIn, por ejemplo, puede conectar con profesionales y colegas, mientras que en Instagram lo hace con amigos del instituto y la universidad. Por no diversificar, puedes perder la oportunidad de llegar a clientes potenciales.

Para evitar este problema, debe adaptar su contenido a la plataforma de medios sociales en la que opera. Aunque esto pueda parecer mucho trabajo, a la larga será beneficioso. Al satisfacer las expectativas de los usuarios de esa plataforma concreta, aumentas tus posibilidades de crear nuevos seguidores, fidelizar a los ya existentes y atraer a más clientes hacia tus productos y servicios por diferentes motivos que dependen de la plataforma que hayas utilizado para conseguirlos.

Mal comportamiento

Un principio importante a la hora de publicar en las redes sociales es que su marca debe mantener su reputación. Cualquier publicación que dañe su reputación puede convertirse en viral, afectar a su base de clientes y, en última instancia, reducir sus ventas. No hay necesidad de perder clientes por una publicación o un comentario en las redes sociales que podría haberse evitado simplemente no publicándolo en primer lugar. Evite, en la medida de lo posible, contenidos controvertidos que puedan dividir u ofender a su base de clientes. Responda adecuadamente a las quejas de su base de usuarios. Evita responder a los comentarios con la misma ferocidad que podrías haber recibido de otro usuario. Evita a toda costa el trolling, a no ser, por supuesto, que sea muy desenfadado y todo el mundo entienda el contexto en el que se produce. Incluso en ese caso, hay que andarse con mucho cuidado.

Para evitar estos problemas, hay que contar con una política de redes sociales. Esta política debe ser bien entendida por las personas que gestionan sus plataformas de medios sociales, si las tiene, y tendrá que seguir supervisando el tipo de contenido que publican en su página de medios sociales sus empleados o los vendedores que trabajan en su nombre.

CONCLUSIÓN

Las empresas no necesitan gastarse un dineral para hacer un marketing eficaz. Mientras que las grandes empresas gastan miles de millones de dólares en publicidad, asegurándose de que su nombre está en todas partes y en cualquier lugar, las pequeñas empresas tradicionalmente no necesitan ni soñar con lograr tales hazañas. Sin embargo, las redes sociales nivelan el terreno de juego y ofrecen a las pequeñas empresas una forma de competir poniendo sus marcas a disposición de los consumidores de todo el mundo con un simple clic. Lo único que tienen que hacer las empresas es estar dispuestas a participar en el marketing en redes sociales y adoptar las estrategias que se exponen en este libro para lanzar una campaña de marketing en redes sociales. Aunque es posible que su empresa tenga que gastar dinero en anuncios e incluso en ponerse en contacto con personas influyentes, el coste no suele ser desorbitado.

Una de las cosas más importantes que hay que recordar cuando se hace marketing en las redes sociales es que el público objetivo es la clave de todo. Aunque pueda parecer extraño que nos digan esto, no deja de ser cierto. El marketing no gira en torno a usted o su marca, sino en torno a su público objetivo. Se trata de las personas que se relacionarán con su marca en las redes sociales y decidirán si compran (o siguen comprando) sus productos o servicios. Hay que captarlos a su nivel. Puede que algunas publicaciones en las redes sociales no funcionen para un grupo de personas, pero lo ideal es que funcionen para el grupo de personas al que te diriges. Tienes que entender cuáles son sus necesidades y deseos, a qué problemas se enfrentan y cómo puede ayudarles tu marca. Deje que ese mensaje impregne toda su campaña de marketing para asegurarse de que su marca resulte atractiva para los clientes potenciales por las razones adecuadas.

Lo que también debe tener en cuenta es que no todas las plataformas de medios sociales funcionarán para su negocio. Cada plataforma tiene sus propias características, sus pros y sus contras, y su propio público objetivo. Esto debe influir en el tipo de mensajes que publiques en cada una de las plataformas y en las estrategias que utilices. Las estrategias que utilices en Twitter, por ejemplo, probablemente no funcionarán en Snapchat. Las estrategias que utilices en Instagram probablemente no funcionarán en LinkedIn. No ser capaz de distinguir entre lo que requiere cada plataforma es el camino más rápido al fracaso.

La tercera cosa que también debes tener en cuenta es que el compromiso es el nombre del juego. Siga publicando cosas nuevas en sus páginas de redes sociales e interactuando con su base de usuarios. Si es necesario, contrate a alguien que haga el trabajo por usted, pero asegúrese de que esté bien formado y sepa exactamente lo que busca. La falta de compromiso es la forma más rápida de perder relevancia en el espacio de las redes sociales y, por tanto, de afectar al tráfico y las ventas de tu marca.

Por último, haz un seguimiento de las métricas. Por desgracia, que hayas ideado un buen plan no significa que vaya a funcionar. El marketing en redes sociales es una cuestión de ensayo y error. Hay que probar lo que funciona y lo que no. No te rindas después de un esfuerzo de marketing fallido. Aproveche las victorias y utilícelas de nuevo, y convierta los fracasos en lecciones. Después de unos cuantos intentos, debería tener un plan de marketing mucho mejor que garantice que su marca aumente sus seguidores, genere más tráfico y consiga más ventas. Para ello, debes estar atento y saber qué publicaciones están teniendo éxito, cuáles no, cuáles han generado más tráfico y más ventas, y qué puedes hacer para mejorar. También hay que estar al tanto de lo que hace la competencia y aprender de ella.

Para terminar, quiero agradecerle que haya dedicado parte de su tiempo a leer esta guía y a aprender sobre marketing en las redes sociales. Espero que este libro le haya resultado útil. Recuerde, sea paciente y no tenga miedo de probar y ajustar diferentes estrategias de marketing. Le deseo mucha suerte en sus esfuerzos de marketing en las redes sociales.